BEI GRIN MACHT SICH IHR WISSEN BEZAHLT

- Wir veröffentlichen Ihre Hausarbeit,
  Bachelor- und Masterarbeit

- Ihr eigenes eBook und Buch -
  weltweit in allen wichtigen Shops

- Verdienen Sie an jedem Verkauf

Jetzt bei www.GRIN.com hochladen und kostenlos publizieren

Bibliografische Information der Deutschen Nationalbibliothek:

Die Deutsche Bibliothek verzeichnet diese Publikation in der Deutschen National-
bibliografie; detaillierte bibliografische Daten sind im Internet über http://dnb.d-
nb.de/ abrufbar.

Impressum:

Copyright © 2019 GRIN Verlag
Druck und Bindung: Books on Demand GmbH, Norderstedt Germany
ISBN: 9783346141880

Dieses Buch bei GRIN:

https://www.grin.com/document/539496

Philipp Schmidt

Das Gefangenendilemma. Wie können Situationen mit der Spieltheorie analysiert werden?

GRIN Verlag

Das Gefangenendilemma, eine anschauliche Darstellung

Wie mit Hilfe der Spieltheorie Situationen analysiert werden können.

Fachhochschule Südwestfalen

Standort Meschede

Philipp Schmidt

Inhaltsverzeichnis

Inhaltsverzeichnis I

Abbildungsverzeichnis II

Tabellenverzeichnis II

1 Einleitung 1

2 Historie und Einordnung 1

    2.1 Spieltheorie 1

    2.2 Gefangenendilemma 2

3 Normalform 2

4 Nash-Gleichgewicht 4

5 Dominante Strategie 7

6 Nullsummenspiel 9

7 Lösungskonzepte 10

    7.1 Tit-for-Tat 11

8 Praktische Anwendung 12

    8.1 Schnick-Schnack-Schnuck 12

    8.2 Schwarzfahren 13

9 Fazit 14

Anhang III

Literaturverzeichnis III

Abbildungsverzeichnis

Abbildung 1 Nash-Gleichgewicht 5
Abbildung 2 Zwei Nash-Gleichgewichte.. 6
Abbildung 3 kein Nash-Gleichgewicht 7
Abbildung 4 Dominante Strategie.... _ 8
Abbildung 5 schwach dominante Strategie 8
Abbildung 6 Nullsummenspiel mittels Senderquoten 9
Abbildung 7 Auszahlungen im Verhältnis zu q 14

Tabellenverzeichnis

Tabelle 1 Matrix Gefangenendilemma... 3
Tabelle 2 Aufteilung Quadranten.. 4
Tabelle 3 Umweltverschmutzung.. 11
Tabelle 4 Schnick-Schnack-Schnuck 12
Tabelle 5 Gefangenendilemma zum Schwarzfahren... 13
Tabelle 6 Schwarzmarkthändler-Dilemma III

1 Einleitung

Unser Leben wird durch sehr viele Entscheidungen, die wir im Alltag treffen, beeinflusst. Einige davon sind komplett unabhängig von anderen Menschen (ob man einen Schirm mitnimmt oder nicht, hängt ganz allein von der eigenen Entscheidung ab), aber viele Entscheidungen sind auch abhängig davon, was andere Menschen entscheiden. Um diese Entscheidungen darzustellen und damit die Möglichkeit zu haben, die Ergebnisse der Interaktion zu optimieren, wurde das Gefangenendilemma erfunden. Diese mathematische Methode, die viele Ökonomen verwenden, sieht uns als Spieler, dessen Entscheidungen (Handeln und Verhalten) nicht allein von uns abhängt, sondern auch vom Handeln und Verhalten unseres Umfeldes. Dies ist tief in uns verankert, da wir soziale Wesen sind.[1] Mit der Hilfe dieses einfachen Modells, lassen sich die komplexesten Fragen unseres Alltags herunterbrechen und dadurch neue Perspektiven und Lösungsansetze gewinnen.

In dieser Ausarbeitung wird das „Tool", Gefangenendilemma, aus der Spieltheorie vorgestellt und aufgezeigt, wie damit Situationen zu analysieren sind und Ergebnisse vorhergesagt werden können. Nachdem kurz darauf eingegangen wird, wie das Gefangenendilemma in die Spieltheorie einzuordnen ist und wie es zu seinem Namen kam, geht es in die detachierte Erklärung. Sowohl die Normalform als auch Nash-Gleichgewicht, dominante Strategie und Nullsummenspiel werden anschaulich dargestellt. Darauf folgen die möglichen Lösungskonzepte, mit dem expliziten Eingehen auf die Tit-for-Tat Strategie. Abschließend werden noch zwei praktische Beispiele zur Veranschaulichung gebracht, und im Fazit wird ein kurzes Resümee gezogen. Dies enthält einen Kommentar, was das Gefangenendilemmas bei komplexen Fragen wie: „Warum wird beispielsweise nicht den Fridays for Future Demonstrationen gefolgt und Deutschland setzt radikal, in allen Bereichen, Umweltschutzmaßnahmen durch?" leisten kann.

2 Historie und Einordnung

Um zu verstehen, wie das Gefangenendilemma zu seinem Namen gekommen ist und wie es in die Spieltheorie einzuordnen ist, folgt zunächst hierzu eine kurze Erläuterung.

2.1 Spieltheorie

Das Gefangenendilemma gehört zu der (nicht-kooperativen) Spieltheorie und aus diesem Grunde soll hier kurz darauf eingegangen werden.

Begründet wurde die Spieltheorie von John Neumann. Dieser lehrte Mathematik in Berlin und Hamburg bis er in die USA emigrierte. Er beschrieb die mathematische Theorie, die wir heute Spieltheorie nennen. Diese wird genutzt, um soziale und allgemein interaktive Phänomene zu modellieren und nachzuweisen.

---

[1] Vgl. Peyrolon (2019), S. 2.

1

Nicht kooperativ ist die Spieltheorie, weil sich die Konsequenzen eines Spielzugs, z.B. ziehen einer Spielfigur, ausspielen einer Karte etc. nicht klar vorhersagen lassen, da sie abhängig vom Verhalten des Mitspielers sind. Diese kann der betroffene Spieler nicht kontrollieren. Neumann beschreibt es selbst in einem Buch so: Das Schicksa eines jeden Spielers hänge außer von seinen eigenen Handlungen auch, noch von denen seiner Mitspieler ab, und das Benehmen dieser ist von genauso egoistischen Motiven beherrscht, die wir beim ersten Spieler bestimmen möchten. Man fühlt, dass ein gewisser Zirkel im Wesen der Sache liegt.[2]

2.2 Gefangenendilemma

Bevor es zu einer Beschreibung des Gefangenendilemmas kommt, soll geklärt werden, wo der Name des Gefangenendilemmas bzw. Prisoner's Dilemma herkommt. Luce und Raiffa beschreiben die Entscheidungssituation des Spiels 1957 wie folgt: „Zwei Verdächtige werden in Einzelhaft genommen. Der Staatsanwalt ist sich sicher, dass sie beide eines schweren Verbrechens schuldig sind, doch verfügt er über keine ausreichenden Beweise, um sie vor Gericht zu überführen. Er weist jeden Verdächtigen darauf hin, dass er zwei Möglichkeiten hat: das Verbrechen zu gestehen oder aber nicht zu gestehen. Wenn beide nicht gestehen, dann, so erklärt der Staatsanwalt, wird er sie wegen ein paar minderer Delikte wie illegalem Waffenbesitz anklagen, und sie werden eine geringe Strafe bekommen. Wenn beide gestehen werden sie zusammen angeklagt, aber er wird nicht die Höchststrafe beantragen. Macht einer ein Geständnis, der andere jedoch nicht, so wird der Geständige nach kurzer Zeit freigelassen, während die andere die Höchststrafe erhält."[3]

Von diesem Beispiel rührt der Name Gefangenendilemma. Beide Gefangene (Spieler) werden vor ein Entscheidungsproblem gestellt. Wie dieses genau aussieht und was es für Lösungen gibt, wird im weiteren Verlauf der Hausarbeit deutlich.

3 Normalform

Die Normalform-Darstellung des Gefangenendilemmas stellt die Spielzüge der Akteure da. Diese werden in der Spieltheorie „Strategien" genannt. Ein solches Spiel charakterisiert folgende Eigenschaften:

- es gibt Spielregeln - diese sind unveränderlich und allen Spielern bekannt (Common-Knowledge-Annahme)
- die Spieler sind rational
- sie wählen ihre Strategie frei
- die Strategiewahl geschieht einmalig, gleichzeitig und unabhängig von einander

---

[2] Vgl. Leininger/Amann (2007), S. 1 f.
[3] Vgl. Holler/Illing (2006), S. 2.

- das Spielergebnis hängt von der Strategiewahl aller Spieler ab
- all dies geschieht unter gegebenen Auszahlungen[4]

Durch diese Regeln ist die Spielsituation eine nicht-kooperative.[5] Kooperative Spiele zeichnen sich dadurch aus, dass die Teilnehmer z.b. im Vorfeld bindende Verträge aushandeln, auf dessen Basis es Ihnen möglich ist, gemeinsame Strategien zu entwickeln und damit Kooperationsgewinne anzueignen.[6]

Auf das eingangs erwähnten Beispiels, mit den zwei Gefangenen (hier Spieler genannt) angewendet, sieht die Normalform wie folgt aus:

Spieler 2

		Nicht Gestehen	Gestehen
Spieler 1	Nicht Gestehen	1 / 1	10 / 0,3
	Gestehen	0,3 / 10	8 / 8

Tabelle 1 Matrix Gefangenendilemma[7]

Links ist der Gefangene eins (hier Spieler Eins genannt) und oben ist Gefangener zwei (hier Spieler Zwei gekannt).

Diese haben jeweils zwei reine Strategien, „Nicht Gestehen" und „Gestehen". Spieler Eins kann somit über die Zeilen entscheiden und Spieler Zwei über die Spalten. Je nachdem, welche Strategie die beiden wählen, ergibt sich eine bestimmte Strategiekombination. Insgesamt sind vier (2x2) Kombinationen von reinen Strategien möglich. Diese Ergebnisse entsprechen, in diesem Beispiel, Jahren die im Gefängnis verbracht werden müssen.

---

[4] Vgl. Homann/Suchanek (2005), S. 41 ff.
[5] Vgl. Holler/Illing (2006), S. 3.
[6] Vgl. Jakisch (2008), S. 5.
[7] Eigene Tabelle in Anlehnung an Holler/Illing (2006), S. 3.

Die einzelnen Quadranten werden im Verlaufe der Arbeit wie Folgt nummeriert, um diese besser beschreiben zu können:

I	II
III	IV

Tabelle 2 Aufteilung Quadranten[8]

Entscheiden sich also beide Gefangenen für „Nicht Gestehen" landen Sie im Quadranten I, der die Auszahlungen 1/1 beinhaltet. Dies bedeutet jeder der beiden erhält eine Haftstrafe von einem Jahr – wobei die linke Zahl die Auszahlung für Spieler Eins und die rechte Zahl, die für Spieler Zwei ist (zur Erleichterung hier in den entsprechenden Farben gekennzeichnet). Entscheiden sich beide für „Gestehen", landen Sie im Quadranten IV, der die Auszahlungen 8/8 enthält. Hierbei müssen beide für 8 Jahre in Haft. Entscheidet sich Spieler Eins für „Gestehen" und Spieler Zwei für „Nicht Gestehen", tritt der oben beschriebene Fall in Kraft, das Spieler Eins für das Geständnis eine verminderte Haftstrafe von 0,3 Jahren und der somit als beschuldigt entlarvte Spieler Zwei eine Haftstrafe von 10 Jahren abzusitzen hat.

Ähnlich verhält es sich, wenn Spieler Zwei sich für Gestehen entschiedet und Spieler Eins kein Geständnis abgibt. Dann erhält Spieler Eins die 10 Jahre Haft und Spieler Zwei erhält die verminderte Strafe von 0,3 Jahren.

Die klaren Präferenzen von Spieler Eins und Spieler Zwei sind damit: 0,3>1>8>10, da weniger Jahre Haft das erstrebenswerteste Ergebnis darstellt.

Über diese Normalform hinaus ist eine Darstellung mehrerer Spieler denkbar, die dann mit der Menge N ={1,…,n} beschrieben wird. Hierbei beschribt n die Anzahl der Spieler, die wiederum eine Menge S der Strategiekombinationen s = {s_1,…,s_i,…,s_n} haben, die zu einem Ergebnis E führen.[9]

4 Nash-Gleichgewicht

Das Nash-Gleichgewicht entwickelte der spätere Nobelpreisträger John (Forbes) Nash Jr. im Jahre 1950 für seine Dissertation. Ein Vorläufer geht zurück auf August Cournot, aus dem Jahre 1938. Den Nobelpreis für Wirtschaftswissenschaften erhielt Herr Nash 1994, für die Definition des Nash-Gleichgewichts.

Der Grundidee eines Gleichgewichts nach herrscht ein stabiler Ruhezustand, wenn es keine systemimmanenten Kräfte gibt, die auf seiner Veränderung hinwirken. Demnach ist ein Nash-Gleichgewicht (NGG) wie folgt definiert:

---

[8] Eigene Tabelle.
[9] Vgl. Holler/Illing (2006), S. 2 f.

- Würden sich die Spieler vor dem Spiel auf eine Strategiekombination einigen, dann hat diese Einigung nur dann auch wirklich Aussicht darauf gespielt zu werden, wenn es sich bei der Einigung um ein strategisches Gleichgewicht handelt.
- Vom Standpunkt der Rationalität aus, kommen nur Gleichgewichtsverhaltensweisen in Frage.
- Da die Spieler keine Einsicht in die Spielsituation haben, handeln sie meist nach einem Versuch-und-Irrtum-Prinzip. Solange solche Abläufe gegen ein stabiles Verhalten konvergieren, muss es sich bei einem potenziellen stabilen Verhalten um ein Nash-Gleichgewicht handeln. [10]

Zusammenfassend kann also gesagt werden, ein Nash-Gleichgewicht ist eine Strategiekombination, in der kein Spieler einen Anreiz hat, einseitig von seiner gewählten Strategie abzuweichen. Oder einfacher gesagt, im Nash-Gleichgewicht spielen alle Spieler jeweils ihre beste Antwort.

Folgendes Gefangenendilemma soll nun einmal auf Nash-Gleichgewichte untersucht werden:

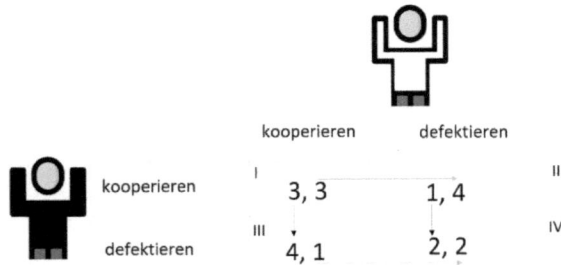

	kooperieren	defektieren
kooperieren	I 3, 3	1, 4 II
defektieren	III 4, 1	2, 2 IV

Abbildung 1 Nash-Gleichgewicht[11]

Es liegt in dem Quadranten IV ein Nash-Gleichgewicht vor.

Aus der Sicht von Schwarz ist die Situation folgendermaßen: Wenn er defektieren gewählt hat, hat er kein Interesse daran einseitig von seiner Strategie abzuweichen, da der Zug von Weiß als gegeben gesehen wird, und Schwarz bei einem Wechsel von defektieren auf kooperieren sich selbst bei den Auszahlungen schlechter stellen würde, weil er von zwei auf eins herunter gehen würde. Ebenso hat Weiß kein Interesse einseitig von seiner Strategie abzuweichen, da bei einem Wechsel von defektieren auf kooperieren unter der Annahme, dass die Wahl von Schwarz (defektieren) gesetzt ist, er sich selbst schlechter stellen würde, da er ebenfalls von Auszahlung zwei auf eins herunter fiele. Unter der getroffenen Annahme, dass alle Akteure rational sind (also keine anderen Faktoren, als die

[10] Vgl. Rieck (2016), S. 32 f.
[11] Eigene Abbildung.

Auszahlungen für sie relevant sind und ihnen eine höhere Auszahlung lieber ist als eine niedrige) spielen beide mit defektieren, die für sie beste Antwort. Somit ist Quadrant IV als Nash-Gleichgewicht bewiesen. Dies lässt sich auch an den eingezeichneten Pfeilen in Abbildung eins erkennen. Weiß hat die Wahlmöglichkeit bei den Spalten - hier ist ihm, wenn er kooperieren wählt vier lieber als drei, deswegen der hellere Pfeil auf vier. Wenn Weiß defektieren wählt, ist Ihm zwei lieber als eins, deswegen der hellere Pfeil auf die zwei. Genau die gleichen Überlegungen wurden für Schwarz angestellt und dem entsprechend die Pfeile in schwarz bei kooperieren auf vier statt drei zeigend, und bei defektieren auf zwei statt eins zeigend, eingezeichnet. Da in dem Quadranten IV, jeweils ein schwarzer und ein hellerer Pfeil zeigen, ist hier ein Nash-Gleichgewicht.

In einem Spiel mit zwei Spielern und dieser 2X2 Matrix-Form, ist es ebenso möglich mehrere Nash-Gleichgewichte zu haben:

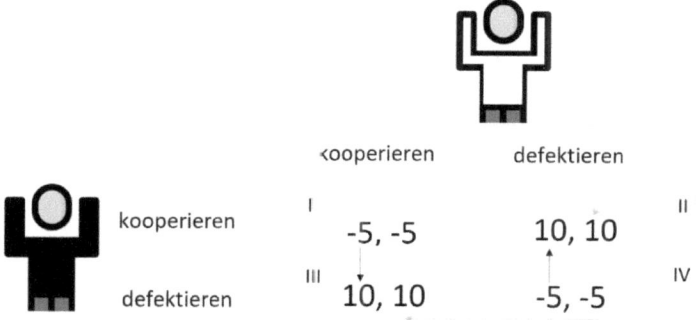

Abbildung 2 Zwei Nash-Gleichgewichte[12]

Wie in der Abbildung zwei gezeigt, liegt sowohl im Quadranten III als auch im Quadranten II ein Nash-Gleichgewicht vor.

---

[12] Eigene Abbildung.

Ebenso kann es aber auch sein, dass gar kein Nash-Gleichgewicht vorliegt:

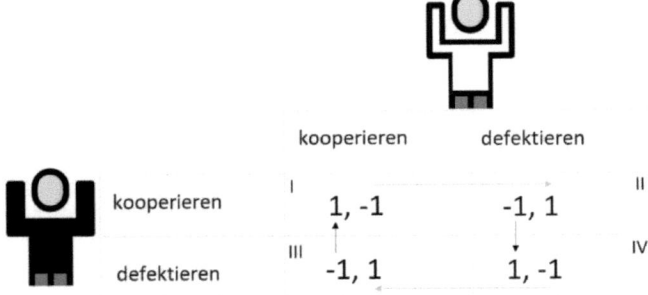

Abbildung 3 kein Nash-Gleichgewicht[13]

Wie in dieser Abbildung zu sehen, egal in welchem Quadranten die Spieler landen, es hat immer einer der beiden einen Anreiz, in einen anderen Quadranten zu wechseln, da sie sich sonst schlechter stellen, damit liegt kein Nash-Gleichgewicht vor.

Obwohl das Nash-Gleichgewicht in diesen Beispielen nur bei zwei Spielern gezeigt wurde, kann es generell für n-Personen-Spiele eingesetzt werden. Mathematisch lässt es sich wie folgt definieren: Ein Nash-Gleichgewicht ist eine Strategiekombination s*, bei der jeder Spieler eine optimale Strategie s_i^* wählt, dabei ist die optimale Strategie der anderen Spieler gegeben.

Es gilt also: $u_i(s_i^*, s_{-i}^*) \geq u_i(s_i^*, s_{-i}^*)$ für alle i, für alle $s_i \in S_i$.[14]

5 Dominante Strategie

Um eine Handlungsalternative auszuwählen, ist die dominante Strategie von Spielern (wenn vorhanden) ein wichtiger Entscheidungsfaktor. Denn mit der Hilfe der dominanten Strategie, lässt sich eine der beiden Alternativen recht einfach aussortieren. Diese dominante Strategie ergibt sich dadurch, dass der Gewinn bei der gewählten Alternative, bei jedem Umweltzustand (bzw. bei jedem Verhalten des Gegners) besser als der Gewinn bei Alternative zwei ist.[15] Daraus ergibt sich, dass eine Strategie für einen Spieler dann dominant ist, wenn sie unabhängig von der Strategiewahl des anderen, zu einer höheren Auszahlung führt. Einfach gesagt, ist eine dominante Strategie in jedem Fall besser als ihre Alternative.

---

[13] Eigene Abbildung.
[14] Vgl. Holler/Illing (2006), S. 57.
[15] Vgl. Rieck (2016), S. 24.

	kooperieren	defektieren
kooperieren	I 3, 3	1, 4 II
defektieren	III 4, 1	2, 2 IV

Abbildung 4 Dominante Strategie[16]

Zur Erklärung schauen wir auf die Abbildung vier. Spieler Weiß hat mit „defektieren" eine dominante Strategie, da egal ob Schwarz „kooperieren" Spielt (vier ist mehr als drei) oder „defektieren" (zwei ist mehr als eins), führt die Strategie „defektieren" bei Weiß zu höheren Auszahlungen, als die Alternative „kooperieren".

Da es in diesem Beispiel genauso bei Schwarz ist, („defektieren" ist auch bei Ihm die dominante Strategie) liegt in dem Quadranten IV ein Gleichgewicht in dominanter Strategie (GGdS) vor. Ein GGdS entsteht dann, wenn alle Spieler ihre dominante Strategie spielen.[17] Hier wird auch klar warum, in dieser Hausarbeit das Nash-Gleichgewicht vor der dominanten Strategie erläutert wurde, denn jetzt kann erkannt werden, dass ein GGdS immer auch ein Nash-Gleichgewicht ist.

In einem Spiel kann es auch eine schwach dominante Strategie geben, hierfür auch nachfolgend ein Beispiel:

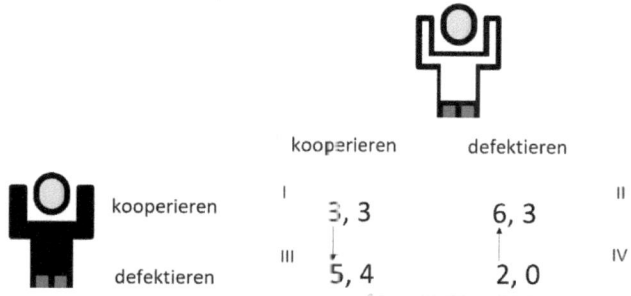

	kooperieren	defektieren
kooperieren	I 3, 3	6, 3 II
defektieren	III 5, 4	2, 0 IV

Abbildung 5 schwach dominante Strategie[18]

---

[16] Eigene Abbildung.
[17] Vgl. Jokisch (2008), S. 7.
[18] Eigene Abbildung in Anlehnung an Kirchkamp (2017), S. 37.

Hier liegt im Quadranten III ein Nash-Gleichgewicht vor. Spieler Weiß wird eher „kooperieren" spielen, da bei „kooperieren" von Schwarz immer eine Auszahlung von drei für ihn herauskommt, aber bei „defektieren" vier mehr sind als null. Schwarz hingegen hat keine dominante Strategie.

Mathematisch lässt es sich wie folgt definieren: Eine Strategiekombination s* ist ein Gleichgewicht in dominanter Strategie, wenn alle Spieler ihre dominante Strategie wählen:

$$u_i(s_i^*, s_{-i}) \geq u_i(s_i^*, s_{-i}) \text{ für alle i, } s_i \in S_i. \text{ Und } s_{-i} \in S_{-i}.[19]$$

6 Nullsummenspiel

In einem Nullsummenspiel, kann ein Spieler nur das gewinnen, was ein anderer Spieler verliert. Also gibt es keine Kooperationsgewinne.

Dadurch können sich Abweichungen zur eigentlichen Grundidee des Gefangenendilemmas ergeben, denn in dieser Spielart wird den Spielern kein Maximierungsverhalten unterstellt, sondern lediglich das Verfolgen der eigenen Interessen. Dadurch ist es möglich, uns in den Gegenspieler hineinzuversetzen und zu überlegen wie er sich verhalten wird. Dieses strategische Denken führt in der Regel zu einem anderen Resultat, als eine Maximierungslösung erwarten lässt.[20]

Sender B

		Fußball	Golf
Sender A	Blockbuster	I $3, 2 \sum 5$	$5, 0 \sum 5$ II
	Dokumentation	III $1, 4 \sum 5$	$2, 3 \sum 5$ IV

Abbildung 6 Nullsummenspiel mittels Senderquoten[21]

Anschaulich ist ein Nullsummenspiel in Abbildung sieben zu sehen. Alle Quadranten weisen eine Summe von fünf auf. Was der eine gewinnt, verliert hier in dem Beispiel also der andere Sender. Dies ist in dem Beispiel auch plausibel, da die beiden Sender je nach gesendetem Programm eine Quote bekommen und diese ein Anteil vom Ganzen ist, ergo wenn ein Sender Quotenanteile verliert, erhält diese der andere Sender.

---

[19] Vgl. Holler/Illing (2006), S. 54.
[20] Vgl. ebd. S. 56.
[21] Eigene Abbildung.

7 Lösungskonzepte

Bei der Lösung eines Gefangenendilemmas geht es nicht darum, das Dilemma an sich auf zu lösen, sondern Vorschläge für das Verhalten der rationalen Spieler zu geben. Indikatoren hierfür wurden bereits in dieser Hausarbeit behandelt, beispielsweise die dominante Strategie. Des Weiteren sind Lösungskonzepte, die in Frage kommen, welche die die Nash-Gleichgewichtsbedingung erfüllen.

Problem an diesen Gleichgewichten ist, dass die Gefangenen hierbei lediglich den Zustand erreichen, der für beide am schlechtesten ist. Denn, um auf das Eingangsbeispiel einzugehen, wenn beide gestehen, erhalten sie Auszahlungen von 1/1 (siehe Tabelle 1), dies wird auch als Pareto-inferior (Sozialfalle) bezeichnet. Würden beide nicht gestehen, dann gelangten sie in den Quadranten IV, mit einer Auszahlung von 8/8 (Pareto-superior). Eben dies ist das Dilemma. Obwohl beide wissen, dass es für sie besser wäre nicht zu gestehen, gestehen sie doch, aus Angst selbst ausgebeutet zu werden – und in den Quadranten II bzw. III zu landen.[22]

Darum muss bei nicht-kooperativen Spielen eine Lösung so gestaltet sein, dass kein Spieler ein Eigeninteresse daran hat, von seiner Strategie abzuweichen. Dies wird in der Literatur auch als: Sie muss aus sich selbst heraus durchsetzbar sein (Self-enforcing), genannt.

Als Self-enforcing gilt das Gleichgewicht in strikt dominante Strategie, da jedem Spieler empfohlen werden sollte, dieses zu verfolgen. Es ist im Gleichgewicht, da kein Spieler einen Anreiz hat, eine andere Strategie zu wählen. Problem hierbei ist, dass bei nicht kooperativen Spielen das Ergebnis ineffizient ist.

Das unterscheidet nicht kooperative Spiele von kooperativen, wo im Vorfeld Absprachen getroffen und diese vertraglich festgehalten werden.[23] Bei nicht kooperativen Spielen, gibt es noch die Lösungsmöglichkeit der Institutionen, die die beiden Spieler in einen optimalen Bereich bringen, indem sie beispielsweise durch Strafen ein Verhalten unattraktiver machen. Institutionen können Verfassungen, Rechte, Gesetze, Verträge, Verordnungen, Normen, Leitsätze und vieles mehr sein.[24]

---

[22]Vgl. Rieck (2016), S. 51 f.
[23]Vgl. Holler/Illing (2006), S. 5 f.
[24] Vgl. Homann/Suchanek (2005), S. 101.

Beispielhaft sei folgendes Gefangenendilemma angenommen:

Firma B

		Nicht Verschmutzen	Verschmutzen
Firma A	Nicht Ver-schmutzen	3 / 3	1 / 4
	Verschmutzen	4 / 1	2 / 2

Tabelle 3 Umweltverschmutzung[25]

Beide Firmen werden durch das Gleichgewicht in dominanter Strategie bzw. Nash-Gleichgewicht im Quadranten IV landen. Dies ist für die Firmen nicht optimal, aber auch nicht für alle Menschen drum herum, da diese unter der Verschmutzung der Umwelt leiden. Aus diesem Grund könnte der Staat ein Gesetz erlassen, was als Institution fungiert. Hiermit wird eine Steuer auf das Verschmutzen der Umwelt erlassen (aus 2/2 wird beispielsweise -1/-1), was die beiden Akteure vom Quadranten IV, in den Quadranten I bringen soll.

Sollte es sich um Spiele handeln, die nicht einmalig gespielt werden, sondern sich wiederholen gibt es noch weitere Lösungsmöglichkeiten, die erfolgreichste wird im nächsten Abschnitt vorgestellt.

7.1 Tit-for-Tat

Robert Axelrod wolle mittels eines Turniers herausfinden, welche Strategie im Gefangenendilemma am erfolgreichsten ist. Zu diesem Anlass lud er viele große Spieltheoretiker zu dem Turnier ein. Mit einer Jeder-gegen-Jeden-Anordnung, dem zusätzlichen Spiel gegen eine Zufallsstrategie und einem Spiel gegen die eigene Strategie, mussten sich alle Strategien beweisen (gespieltes Gefangenendilemma im Anhang). Gewonnen wurde dieses Turnier von der Tit-for-Tat Strategie, die sich wie folgt verhält.[26]

- Es wird gestartet mit der Strategie „Kooperation".

- Wenn der Gegner kooperiert, dann wird auch Kooperation gewählt.

- Sobald der Gegner die Kooperation verweigert, wird die Strategie defektieren angewandt.[27]

Um es einfacher zu sagen, es werden die Spielzüge des Gegners imitiert und damit eine „Auge um Auge, Zahn um Zahn" Strategie verfolgt.

---

[25] Eigene Tabelle.
[26] Vgl. Rieck (2016), S. 343.
[27] Vgl. Peyrolon (2019), S. 25.

8 Praktische Anwendung

Um die Praxisnähe des Konzeptes Gefangenendilemma darzulegen, werden noch zwei praktische Anwendungsfelder aus dem normalen Alltag aufgezeigt.

8.1 Schnick-Schnack-Schnuck

Bei dem Spiel haben jeweils zwei Spieler drei Möglichkeiten. Die Regeln sind allen bekannt und unveränderlich, sie Spielen gleichzeitig, und wer gewinnt hängt immer von der Kombination der ausgewählten Strategien beider Spieler ab. Also sind alle Gegebenheiten genauso vorhanden wie bereits zuvor unter Normalform des Gefangenendilemmas definiert.

Demnach baut sich die Matrix wie folgt auf:

		Spieler 2		
		Schere	Stein	Papier
Spieler 1	Schere	0 / 0	-1 / 1	1 / -1
	Stein	1 / -1	0 / 0	-1 / 1
	Papier	-1 / 1	1 / -1	0 / 0

Tabelle 4 Schnick-Schnack-Schnuck[28]

In der Matrix abzulesen sind die üblichen Auszahlungen bei diesem Spiel. 1 Steht für gewonnen, -1 für verloren und bei 0 ist ein unentschieden vorhanden. Demnach erhalten beide Spieler eine 0, wenn sie das gleiche gezeigt haben. Da die Schere gegen das Papier gewinnt, der Stein gegen die Schere und das Papier gegen den Stein, erhält hier jeweils der Spieler, der das gewinnende Utensil gewählt hat, eine 1 und dementsprechend der Gegenspieler eine -1.

---

[28] Eigene Tabelle.

8.2 Schwarzfahren

Beim Bahnfahren gibt es für den Spieler auch zwei Strategien, die er wählen kann. Zum einen Schwarzfahren und zum andern für ein Ticket bezahlen. Unabhängig von dem Fahrgast, hat der Kontrolleur die Option diesen Zug zu kontrollieren oder diesen Zug nicht zu kontrollieren. Die Auszahlungen gliedern sich in diesem Fall in die Geldbeträge, die bezahlt bzw. kassiert werden. Zusätzlich wird hier die soziale Komponente mit einbezogen – wenn man etwa beim Schwarzfahren erwischt wird, oder sich über das gesparte Ticket freut (auf der Seite des Fahrgastes). Und auf der Seite des Kontrolleurs, den Erfolg einen Schwarzfahrer erwischt zu haben bzw. unnötigerweise Kontrollen durchgeführt zu haben – werden ebenso in der Matrix berücksichtigt. Diese Sozialen Komponenten werden auch als subjektiver Nutzen bezeichnet.

Kontrollor

Fahrgast		kontrollieren	nicht kontrollieren
	schwarzfahren	-8 / 3	1 / -2
	zahlen	0 / -1	-1 / 0

Tabelle 5 Gefangenendilemma zum Schwarzfahren[29]

Natürlich ist es bei diesem Fall so, dass immer einer der Spieler unzufrieden ist, da für Ihn ein besseres Ergebnis möglich gewesen wäre.

Wenn nun die relative Häufigkeit (q) des Kontrollierens durch lange Beobachtungen ermittelt werden konnte, besteht für den Fahrgast die Möglichkeit die Wahrscheinlichkeit zu errechnen, mit der bei der nächsten Fahrt kontrolliert wird. Ebenso kann der Kontrollor seine erwarteten Auszahlungen u_F für die beiden Strategien des Fahrgastes berechnen:

Entscheidet sich der Fahrgast für das Schwarzfahren, so hat er eine Wahrscheinlichkeit von q mit einer Auszahlung von -8 und mit einer Wahrscheinlichkeit 1-q eine Auszahlung von 1 zu erwarten, daraus ergibt sich: $u_F = -8 + q + 1 * (1 - q) = 1 - 9p$

und bei der Strategie Zahlen ergibt sich folgendes: $u_F = 0 * q - 1 * (1 - q) = q - 1$. Welcher der beiden Erwartungswerte, der Auszahlung höher ist, hängt also maßgeblich von q ab. Sobald gilt $q < \frac{1}{5}$, würde sich für den Fahrgast das Schwarzfahren lohnen. Wenn $q = \frac{1}{5}$ beträgt, sind beide Geraden gleich und beide Entscheidungen haben die gleiche Auszahlung. Hat der Kontrolleur allerdings häufi-

---

[29] Eigene Tabelle in Anlehnung an Ableitunger/Hauer-Typpelt (2007), S. 7.

ger als in einem Fünftel der Fälle kontrolliert ($q > \frac{1}{5}$) so sollte sich der Fahrgast für die Strategie Zahlen entscheiden, da diese zur besten Antwort führt.[30]

Was auch an folgender Grafik abgelesen werden kann:

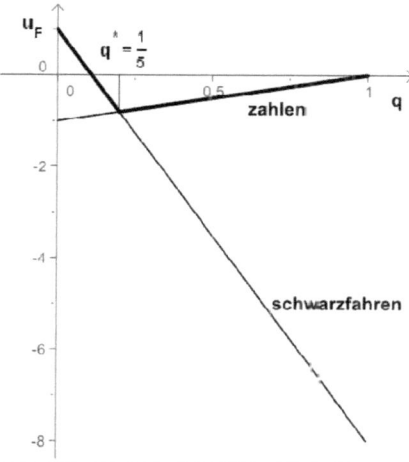

Abbildung 7 Auszahlungen im Verhältnis zu q[31]

9 Fazit

Wie an den Praktischen Anwendungsbeispielen zu sehen ist, können alle möglichen Alltagssituationen in ein Gefangenendilemma übersetzt werden und dadurch erhält man eine weitere Möglichkeit Lösungen zu finden bzw. sich in die Situation des Gegenübers hineinzuversetzen. Dies stärkt das strategische Denkvermögen und lässt nach einiger Übungszeit, schnellere und besser Entscheidungen zu.

Unsere immer komplexer werdende Welt kann mit Hilfe des Modells heruntergebrochen werden und ermöglicht damit Einblicke, in vormals unverständliche Gegebenheiten. Warum wird beispielsweise nicht den Fridays for Future Demonstrationen gefolgt und Deutschland setzt radikal, in allen Bereichen, Umweltschutzmaßnahmen durch? Wer diese sehr Komplexe Frage in ein Gefangenendilemma überführt, wird feststellen, dass die deutsche Politik neben dem positiven Effekt des Umweltschutzes auch sieht, dass Deutschland dann Gefahr läuft von anderen Ländern ausgebeutet zu werden. Wie dies genau aussieht sagt das Modell nicht, gemeint ist aber beispielsweise das Produktion in Deutsch-

---

[30] Vgl. ebd. S.7 f.
[31] Ebd S.8.

land durch die neuen Umweltschutzmaßnahmen verteuert würde, was eine Produktion in anderen Ländern lohnender machte. Vor dieser Ausbeutung schreckt die Politik zurück. Aber wie in den Lösungskonzepten beschrieben, könnte ein Weltweiter Vertrag als Institution fungieren und das Problem lösen. Damit ist noch lange nicht der Vertrag ausgehandelt und auch durchgesetzt, aber es sind zumindest schon einmal die Positionen aller Parteien klarer geworden und genau da liegt die Aufgabe des Gefangenendilemmas.

Anhang

Gangster B(erta)

Gangster A(anton)		kooperieren	defektieren
	kooperieren	3 / 3	0 / 5
	defektieren	5 / 0	1 / 1

Tabelle 6 Schwarzmarkthändler-Dilemma[32]

Literaturverzeichnis

Ableitunger, Christoph / Hauer-Typpelt, Petra (2007): Spieltheorie im Schulunterricht – kann es das spielen? URL: https://www.oemg.ac.at/DK/Didaktikhefte/2007%20Band%2040/VortragAbleitingerHauerTyppelt.pdf [Stand: 01.08.2019].

Holler, Manfred J. / Illing, Gerhard (2006): Einführung in die Spieltheorie. 6. Aufl. Berlin: Springer Verlag.

Homann, Karl / Suchanek, Andreas (2005): Ökonomik. Eine Einführung. 2. Aufl. Tübingen: Mohr Siebeck (= Neue ökonomische Grundrisse).

Jokisch, Sabine (2008): Einführung in die Spieltheorie. URL: https://www.uni-ulm.de/fileadmin/website_uni_ulm/mawi.inst.160/pdf_dokumente/lehrveranstaltungen/WS_07_08/vwlI/AVWLI_09.pdf [Stand: 01.08.2019].

Kirchkamp, Oliver (2017): Qualitative Wirtschaftstheorie Spieltheorie. URL: https://www.kirchkamp.de/spiel/pdf/spiel_druck.pdf [Stand:04.08.2019].

Leininger, Wolfgang / Amann, Erwin (2007): Einführung in die Spieltheorie. URL: https://ethz.ch/content/dam/ethz/special-interest/gess/chair-of-sociology-dam/documents/education/spieltheorie/literatur/Leininger%20Amann%20Einführung%200708-ST1-Vorlesung-Skript.pdf [Stand: 01.08.2019].

Peyrolón, Pablo (2019): Spieltheorie und strategisches Denken. Komplexe Interaktionen zwischen Politik und internationalen Finanzen verstehen. Wiesbaden: Springer Fachmedien Wiesbaden; Springer Gabler (= essentials).

Rieck, Christian (2016): Spieltheorie. Eine Einführung. 15. Überar. Aufl. Eschborn: Christian Rieck Verlag.

---

[32] Eigene Tabelle in Anlehnung an Rieck (2016), S. 338.